怪物研究所

超治愈的怪物手账

康米姑娘 著

机械工业出版社
CHINA MACHINE PRESS

图书在版编目（CIP）数据

怪物研究所：超治愈的怪物手账/康米姑娘著.
— 北京：机械工业出版社，2018.1（2018.4重印）
ISBN 978-7-111-58803-0

Ⅰ.①怪… Ⅱ.①康… Ⅲ.①女性 – 人生哲学 – 通俗
读物 Ⅳ.①B821-49

中国版本图书馆 CIP 数据核字（2017）第325000号

机械工业出版社（北京市百万庄大街22号　邮政编码100037）
策划编辑：李妮娜　　责任编辑：李妮娜
责任印制：常天培　　责任校对：樊钟英
北京联兴盛业印刷股份有限公司印刷

2018年4月第1版第2次印刷
145mm×200mm・6印张・96千字
标准书号：ISBN 978-7-111-58803-0
定价：35.00元

凡购本书，如有缺页、倒页、脱页，由本社发行部调换
电话服务　　　　　　　　　网络服务
服务咨询热线：010-88361066　　机工官网：www.cmpbook.com
读者购书热线：010-68326294　　机工官博：weibo.com/cmp1952
　　　　　　　010-88379203　　金 书 网：www.golden-book.com
封面无防伪标均为盗版　　　　教育服务网：www.cmpedu.com

前　言

嗨！你们好，我是康米姑娘。

　　欢迎来到全宇宙独一无二的"怪物研究所"，从打开这本书开始，恭喜你成为"怪物研究所"的一员。

　　画怪物能减压，能治愈心情，我希望它不仅仅是一本书，更是你生活中的朋友，在你孤独时，陪你安静度过每一个日夜。

　　如果说手账是一种生活方式，那么，"怪物手账"便是一种生活态度。

　　这个世界应该允许有怪物存在，就像允许充满个性的人类存在一样。

　　怪物，是我们的想象世界，是我们的思想无法抵达的角落。

　　因为特别，所以存在。

　　因为存在，所以快乐。

　　希望你从翻开书的第一页开始，一直快乐下去。

目 录

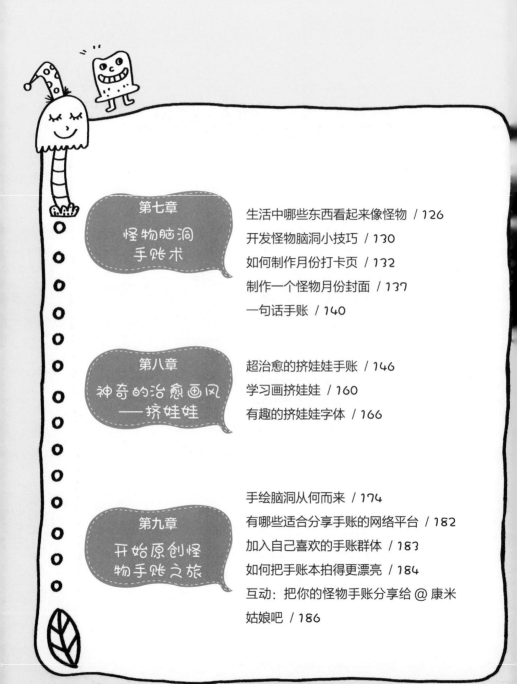

第一章

怪物手账小白
初体验

什么是怪物手账

我们在了解怪物手账之前，先了解一下什么是手账吧！

手账，简单来说是一个专门用来记录生活的本子，最早是从日本流行起来的。曾有日本朋友说，手账对于日本人而言，是不可缺少的生活用品，大家习惯随身带着自己的手账本，记录生活的琐碎，让自己的生活变得更精致、更有条理。

我是一位手账重度中毒患者，喜欢买各种各样的手账本，然后一笔一笔把它们填满，手账本就是我的心灵寄托，承载着我所有的喜怒哀乐。如果让我只带三样东西离开地球，我可能只会带手账本、笔和手机了。

每个手账本都有属于自己的灵魂，需要你去丰富它，充实它。

这是我的一小部分手账本：

我的手账形式主要以手绘为主，总感觉纯手绘比较有成就感。

手绘是最能快速表达我内心想法的一种方式，比满满当当的文字更有趣。

那什么是怪物手账呢？顾名思义，就是怪物主题的手账。

好多刚入坑的小伙伴面对空白的手账本不知道该如何下手，我研发的怪物手账也许能让广大手残党们以最快的速度入门、强化，轻松成为手账达人。

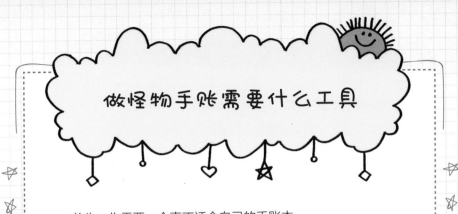

做怪物手账需要什么工具

首先，你需要一个真正适合自己的手账本。

随着手账的普及，市面上的手账本五花八门，大的小的，厚的薄的，贵的便宜的……

如果你平时喜欢四处旅行，可以入手轻便、适合随身携带的手账本。

如果你喜欢各种拼贴，可以购买活页本、线圈本。

如果你喜欢记录大量文字，可以购买方格本。

如果你喜欢涂鸦，可以购买空白本。

　　除了手账本，我们还需要一支黑色勾线笔或黑色针管笔，用来书写文字和涂鸦。

　　上色工具主要是彩色铅笔、水彩或马克笔。我自己最喜欢用马克笔上色，方便快捷，但马克笔的缺点是容易透到纸的反面或下一页，所以我习惯在纸下面垫一张草稿纸，至于纸的反面，就用拼贴来遮盖透过来的印迹。

日常工具

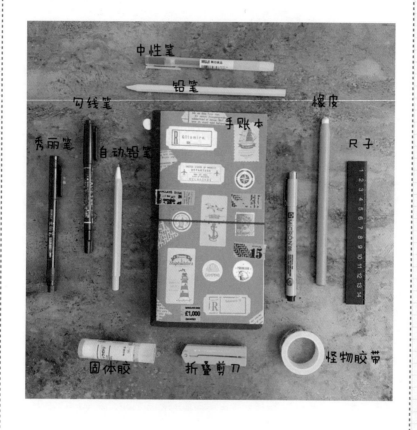

中性笔

铅笔

勾线笔

手账本

橡皮

秀丽笔

自动铅笔

尺子

固体胶

折叠剪刀

怪物胶带

彩色铅笔

水彩

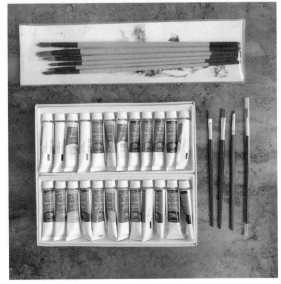

油性马克笔

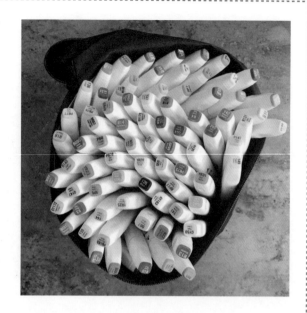

Posca 广告笔

用简笔画记录生活。

如何学会画怪物简笔画

作为手残党，一开始拿起笔，肯定有过手抖的困扰。所以，在画怪物简笔画之前，我们先做个热身，练习一下最基础的线条和表情。拿出一支黑色勾线笔和草稿纸，开始画起来吧！

首先锻炼手腕的力量，在一张纸上自由自在地画出弯弯曲曲的线条，不要受拘束，想怎么画就怎么画。

再练习各种形态的线条。

练习完线条后，我们来练习一组怪物表情。

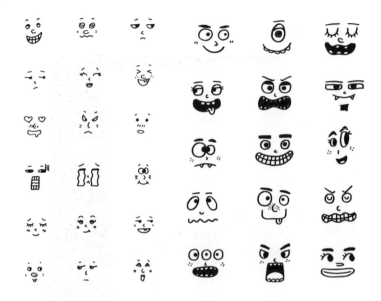

热身完后，我们先从最简单的怪物开始练起。

方法一：几何图形怪物简笔画。

正方形怪物

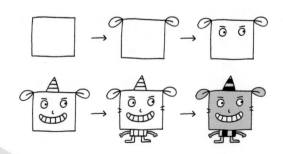

圆形怪物

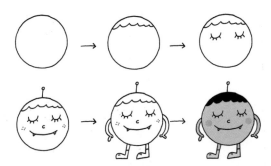

三角形怪物

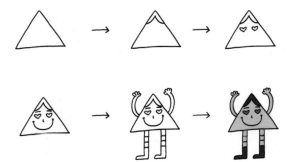

梯形怪物

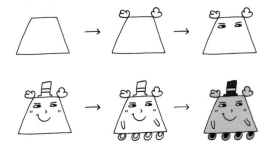

长方形怪物

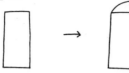 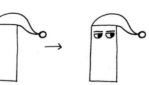

菱形怪物

椭圆形怪物

方法二：数字怪物简笔画。

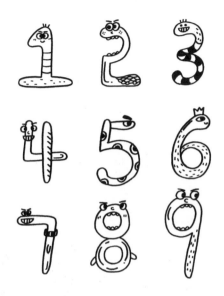

方法三：不规则形状怪物简笔画。

1. 画一朵云

2. 在云下面画一个杯子

3. 画上两只眼睛

4. 画上鼻子和嘴巴

5. 画上四肢

6. 上色，完成啦

1. 画一块布

2. 在最上面画波浪线

3. 画上眼睛和眼镜

4. 画上鼻子和嘴巴

5. 画上四肢和一本书

6. 上色，完成啦

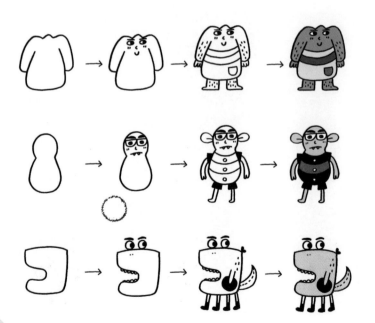

临摹练习处

创造属于自己的怪物

经过一大波怪物简笔画的训练后，相信你能画出完整的怪物啦。

现在，我们要开发脑洞，创造出属于自己的小怪物。

如果你现在脑袋一片空白，不要着急，看看手边有什么东西，一支笔？一个杯子？一部手机？还是一块橡皮？这些看似普通的物品都能成为我们的灵感之源哦！

我们先画一个杯子——

在杯子上加上一双眼睛，杯子活了——

再加上鼻子、嘴巴、头发——

再加上四肢——

一个有趣的杯子怪
诞生啦!

开发脑洞就是这么简单,赶快试一试吧!

我们还可以画铅笔怪、橡皮怪、手机怪……

铅笔怪

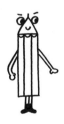

橡皮怪

手机怪

让这个世界上的各种东西都活过来。

大树怪

冰淇淋怪

吐司怪

用怪物装饰你的手账本吧

学习了怪物的画法后，我们要把怪物们放进手账本里了。

摊开手账本后，首先要给手账本做一个大致的排版和布局，新手可以先用铅笔轻轻勾勒出怪物的大致形状。

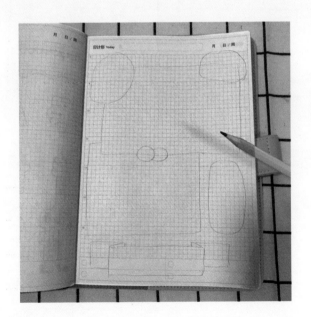

然后用黑色勾线笔确定线稿。

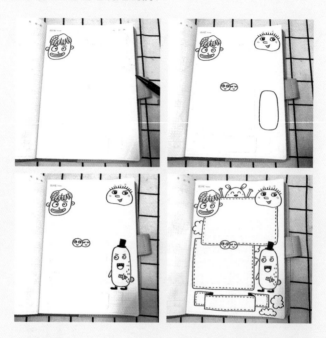

最后上色，完成啦！

用同样的方法，我们可以画出这些怪物手账装饰。

临摹练习处

第二章

千奇百怪的
怪物手账技法

如何用手指做萌萌的手账

手残党的春天来了！如果你握笔总感觉手抖，那我就教你一个超级简单有趣的手账排版方法：用手指做手账。

① 准备好以下工具：手账本、彩色印台、黑色勾线笔。

② 伸出你的左手食指，在手账本最上方按下蓝色和橙色指印。

③ 继续按手印……

④ 按完手印后，用湿纸巾擦擦手指，拿出黑色勾线笔，开始勾线。

⑤ 拿出黄色印台，将它印在空白处，做出黄色背景效果。

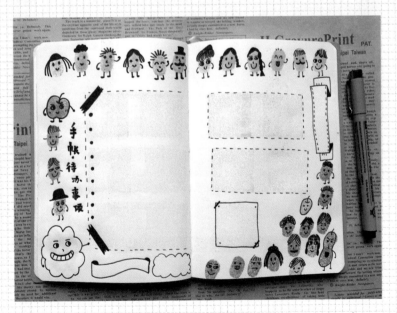

⑥ 然后用黑色勾线笔勾出边框，完成啦!

035

口红怪物手账术

如果对于手残晚期的小仙女来说，只要用手指就会手抖……不要怕，我们不用手指，用嘴巴来做手账，很实用哦。

① 准备工具：口红、黑色勾线笔、手账本。

② 给自己的嘴唇涂上口红。

③ 在手账本上印上唇印。

④ 用黑色勾线笔在唇印上勾
出小怪物的五官和四肢。

⑤ 勾上边框。

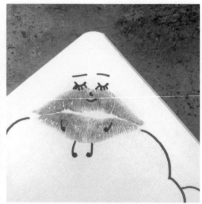

6 用同样的方法继续画别的口红小怪物。

7 加上边框，完成啦！

8 剩下的时间，多多练习口红小怪物哦。

懒人便利贴手账术

如果你最近很忙没有太多时间做手账，别急，教你一个懒人手账术，十分钟完成排版。

1 准备工具：三种颜色不一样的便利贴、胶带、黑色勾线笔、手账本。

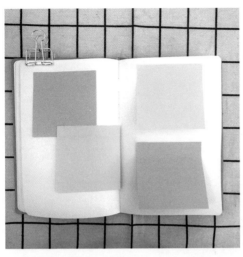

2 撕下便利贴，用自己喜欢的方式贴在手账本上（如果你的便利贴不太黏，可以用胶水再粘一遍）。

3 用胶带贴在便利贴的角上，一是起装饰作用，二是为了更好地固定便利贴。

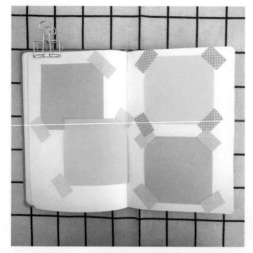

④ 全部粘完是这个样子。

⑤ 用黑色勾线笔在手账本空白处画上小怪物，尽情发挥你的想象力吧！

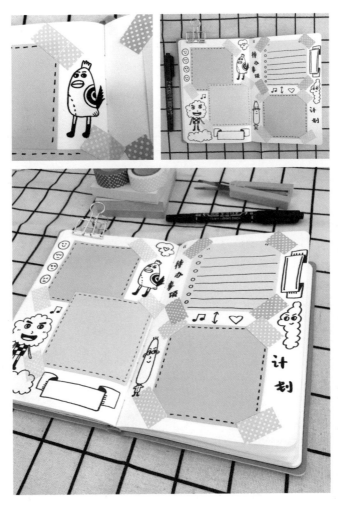

6 还可以在便利贴上加一些线条。懒人排版完成啦！现在可以尽情在上面记录文字了！是不是省时又省力？

马克笔手帐术

1 准备工具：纸胶带、剪刀、油性马克笔、黑色勾线笔、手帐本。

② 用纸胶带粘贴出一个长方形的框。

③ 用马克笔在框内涂满蓝色。

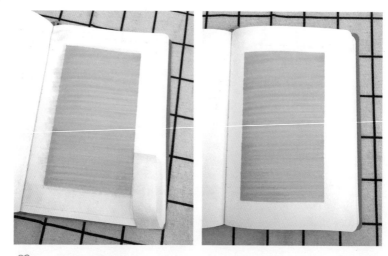

④ 轻轻撕下纸胶带。

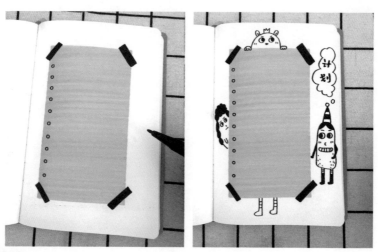

⑤ 用黑色勾线笔画出简单的装饰和怪物简笔画。

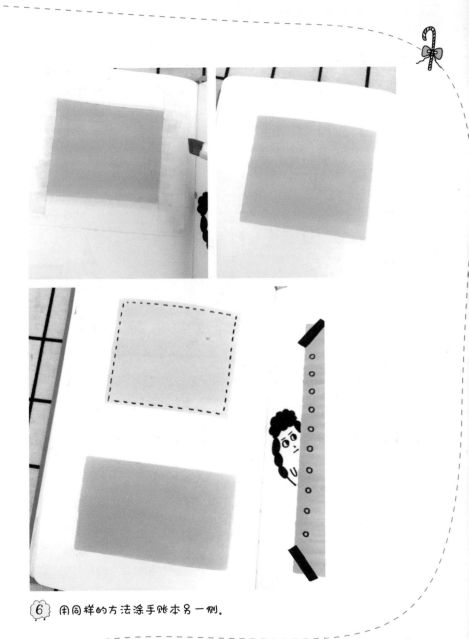

6 用同样的方法涂手账本另一侧。

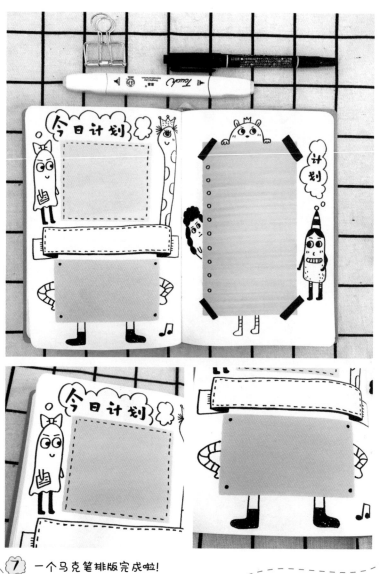

⑦ 一个马克笔排版完成啦!

第三章

当怪物遇到
手账字体

怪物字体这样画很简单

好看的字体能给你的手账本加很多分哦，我们先来学习几款简单、基础的字体练练手。

A B C D　**ABCD**　**ABCD**

1　在纸上写上字母ABCD。

2　在每一笔的外侧加上弧线。

3　涂黑，一个简单的英文字体完成啦！

开心每一天　　**开心每一天**　　**开心每一天**

4　用同样的方法完成中文字体。

5 用铅笔写上你要写的字母。

6 用黑色勾线笔勾出字母A的宽轮廓。

7 加上拟人的帽子和双脚,完成啦!

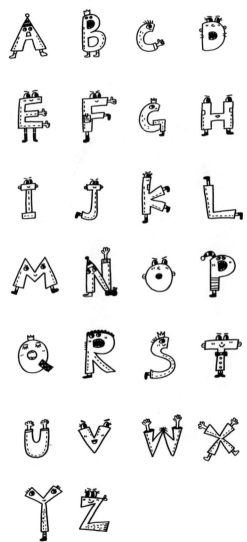

8 26个怪物字母。

开心

今日计划

058

字体辅助神器：马克笔

用马克笔辅助写字，可以事半功倍。

① 首先，拿出一支马克笔，用粗的那头写字。

② 等马克笔的印记干后，用黑色勾线笔，沿着边勾线。

③ 加上怪物小眼睛和小腿，完成啦！

计划 计划

计划

④ 再来试一次。

如何快速做手账日、月计划

做好一个日计划或月计划是做手账必不可少的一部分，这一小节，教你快速学会做手账日计划、手账月计划，不会画画的同学也能秒会哦！

准备工具：空白或方格手账本、黑色勾线笔、马克笔。

① 在手账本左上方写上标题。　　② 用黑色勾线笔勾出花边。

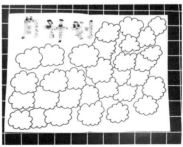

③ 开始画云朵计划框。

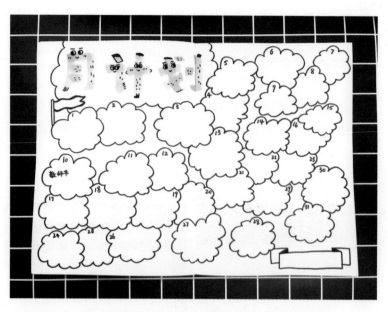

4 画完一个月的所有计划框，总共是30（或31）个云朵
在每个云朵上标上数字，一个月计划就完成啦！

临摹练习处

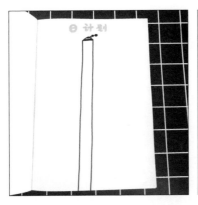

⑤ 我们再来学习做日计划。写上标题后，在手账本中间画一个长方形。

⑥ 在长方形框内写上时间轴。

⑦ 在时间轴两边对应画上云朵计划框。

⑧ 在空白处画上装饰简笔画，一个可爱的日计划就完成啦！

第四章

一分钟学会
怪物手账标题

怎么做怪物手账标题

我们在做手账时，会需要写一些小标题，下面我们来学习做一个怪物手账标题。

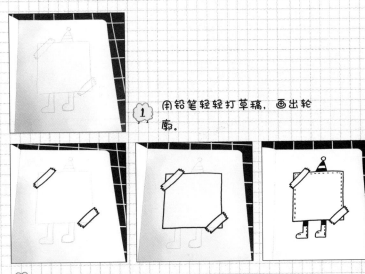

① 用铅笔轻轻打草稿，画出轮廓。

② 用黑色勾线笔勾线。

③ 勾完线条，上色，完成啦!

12种简单有创意的
怪物标题技法

我们先来学习一组基础标题技法。

① 在纸上画一个长方形。

② 在长方形上方画两个向内的三角形。

③ 在三角形两侧往外画两个长方形。

④ 把两个三角形涂黑，一个简单的标题画好了。

同样的方法，我们还能画出其他的标题：

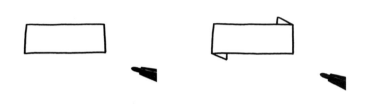

1 画一个长方形。

2 在长方形上下方各画一个三角形。

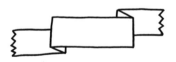

3 在三角形两侧画两个长方形，最外边画成锯齿状。

4 三角形涂黑，完成了。

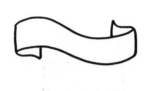

① 画一个扭曲的长方形。

② 上下两端加上扭曲的三角形。

③ 三角形涂黑，完成了。

怪物手账标题大集合

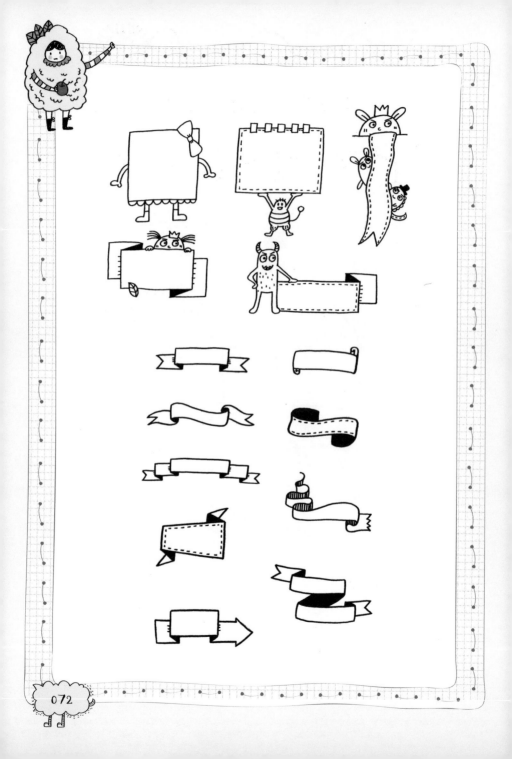

第五章

怪物手账如何排版

用马克笔快速画怪物

我们先学习如何用马克笔快速画出怪物!

基础篇

① 用蓝色马克笔涂一个圆。

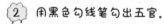

② 用黑色勾线笔勾出五官。

③ 画出四肢与触角。

④ 完成啦!

@康米姑娘

准备好涂鸦本、油性马克笔和黑色勾线笔，跟着我来一起画七彩小怪物吧！

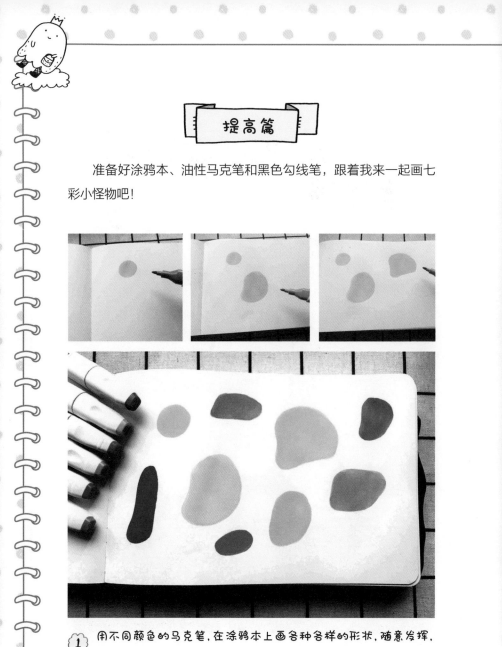

① 用不同颜色的马克笔，在涂鸦本上画各种各样的形状，随意发挥，想怎么涂就怎么涂。

② 等马克笔干了后，用黑色勾线笔分别勾勒出小怪物的五官、头发和四肢。

③ 完成效果图。

下面，我们试一试把马克笔小怪物画在手账本上。

首先在心里要对手账本作好布局，新手可以先用铅笔轻轻划分板块。

1 用马克笔在手账本左边涂出小怪物的大致形状。

② 在手账本右边画上
排版框。

③ 再加上几个小怪物。

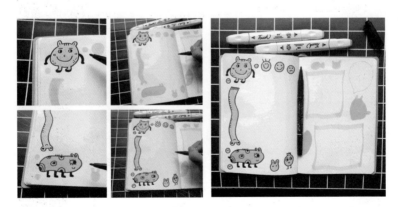

④ 用黑色勾线笔勾出小怪物的形状。

⑤ 继续在右侧勾线条，注意线条要果断。

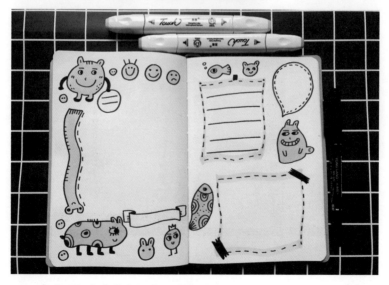

⑥ 完成啦！在空白处记录文字就行啦！是不是很简单，赶紧试一试吧！

小怪物喊你来排版啦

巩固篇

1 用黄色马克笔涂出怪物的轮廓以及板块。

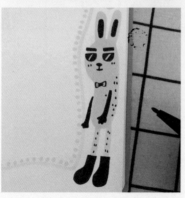

② 用黑色勾线笔勾出怪物细节部分，比如：可爱的五官、黑色长筒靴、衣服的线条和口袋等。注意涂黑部分要饱满，线条要流畅，下笔要果断。

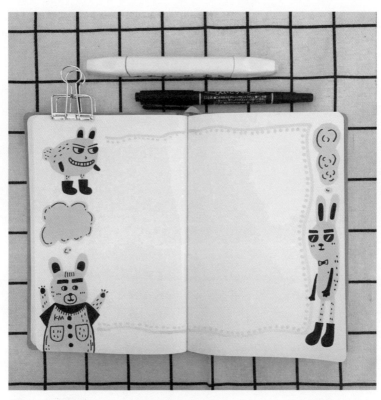

③ 细化完后，一个怪物排版完成啦！

是不是很简单？马克笔排版新技能快快做起来吧！

准备四样工具：彩色的卡纸、剪刀、胶水、勾线笔，我们开始学习做怪物拼贴排版。

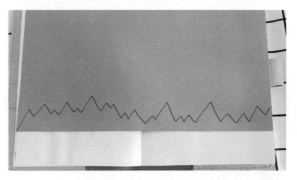

1　找到一张绿色的卡纸，用勾线笔沿着边线画出草地的轮廓。

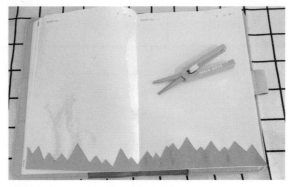

2　用剪刀沿着你画的轮廓剪下来。

084

3 在草稿纸上画出你想要剪的怪物，然后找出一张黄色的卡纸，画出各种轮廓并剪下来。

④ 这是一个啤酒怪，将啤酒怪贴在手账本的右下角，画上五官。

⑤ 用同样的方法，我们剪出另一个帽子怪。

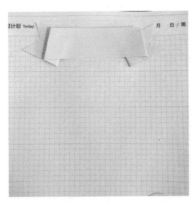

6 再做一些主题、方框、背景。

7 贴上一朵云。

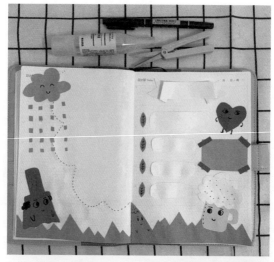

 一个怪物拼贴排版做好啦，等胶水干后，就可以在上面写字啦！

怪物版式案例库

093

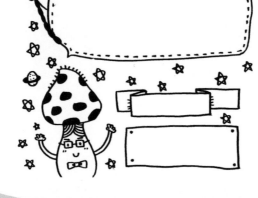

康米姑娘

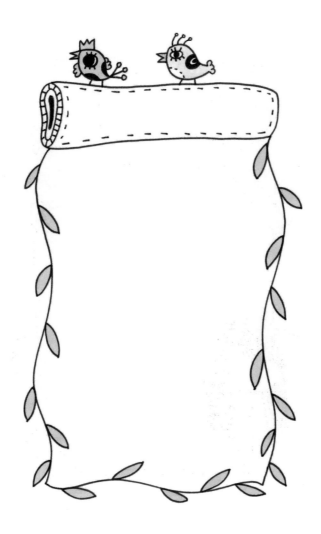

第六章

手账小技巧
与素材库

如何自制手账贴纸？

买了好多市面上的贴纸，是不是想拥有一款属于自己的原创手绘贴纸呢？

可是，却不知道从哪儿下手……

不怕！现在，跟我一起做一款全球独一无二的限量版贴纸吧！

先准备工具：

在网上搜关键词"不干胶贴纸"，找到这两个宝贝：

一个是白色的，一个是透明的。

再准备一支记号笔和一把剪刀。

好了，工具备齐了，开始做贴纸啦！

① 先用记号笔在白色贴纸上画你喜欢的小图案。

② 把它剪下来（沿着边剪）。

③ 将透明薄膜贴在小贴纸上（这一步很重要，能让你的贴纸更光滑不掉色）。

④ 剪下来，完成啦！

⑤ 把它贴在手账本上。

⑥ 如果你有打印机，那更方便，可以直接把喜欢的图打印出来。

临摹练习处

手绘手账素材库

给你一整页怪物，
给他们上色吧

神奇的灵感拼贴本

画画的灵感从何而来？秘诀之一：我有专门的"灵感拼贴本"，通过剪下生活中的小素材，贴在手账本上，用来收集灵感和记录灵感，画画之前翻一翻，有助于脑洞大开哦。

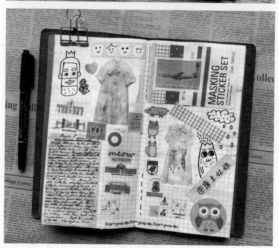

　　我的灵感拼贴本比较随心所欲，没有太多条条框框，我喜欢这种看上去满满的感觉，让整个本子丰富起来，脑细胞也会跟着活跃起来。

当你贴完一整本后，这个手账拼贴本就是你的灵感宝库，经常翻阅它，能收获不少东西。

出去旅行的景点门票和地图册，也可以贴在手账本上，用来作纪念。

第七章

怪物脑洞手账术

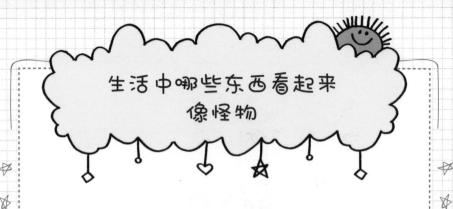

生活中哪些东西看起来像怪物

嘘……
只有在整座城市都睡着时，
我才会偷偷跑出来，
如果你不经意梦到了我，
说明我来过你的窗前。

其实，我们生活中隐藏着各种各样的小怪物，需要你用一双充满想象的眼睛去发现，去探索。

这是一辆汽车，用普通人的眼睛来看，它只是一辆简简单单的汽车。

那么，如果给它加一双眼睛呢？是不是立刻就活过来了？

同样的道理，我们还可以把生活中常见的东西都变成怪物。

还等什么，快快收集生活中的小怪物，让它们都活过来吧！

开发怪物脑洞小技巧

先来一个简单的热身大法。

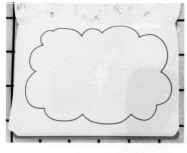

① 在本子上画一个超大的云朵。

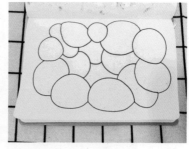

② 在云朵里画满大大小小的圆圈。

③ 给每个圆圈画上小怪物的五官。

④ 给他们加上头发，完成啦！

再来个升级版的，从下往上堆娃娃。

每画完一排就往上叠加，可以一直画下去。

如何制作月份打卡页

生活中，有太多杂事会打乱我们的计划，导致好多计划内的事情都无法一一完成，为了避免这种糟心的事情发生，从现在开始，我们要学会每日打卡。

每日打卡？没有外面公司那种打卡机怎么办？我们并不需要打卡机，一页手账就能完成。

准备好以下工具：圆规、直尺、铅笔、黑色勾线笔、马克笔。

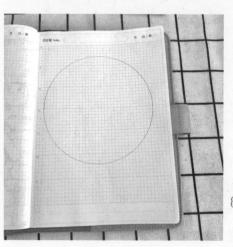

1 在你的手账本中心偏上一点的位置，画上一个大圆。

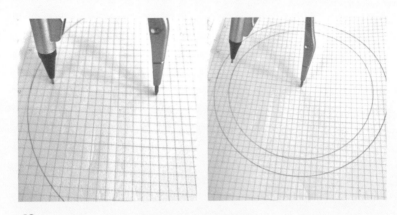

② 在距离边线三格的距离，再画一个圆。

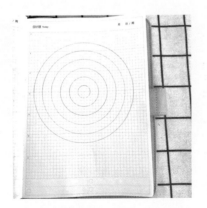

③ 每三格画一个圆，总共画六个圆。

④ 拿出直尺，在最大的圆和最小的圆之间用铅笔画一条直线。

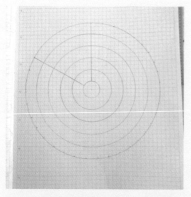

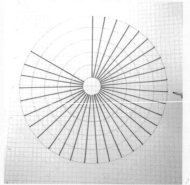

5 以这条直线为起点，在最大的圆上平均划分了1个小格，然后在终点画上直线。

6 用黑色勾线笔把所有直线画上。

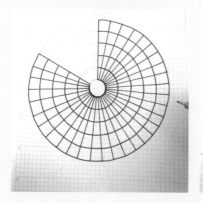

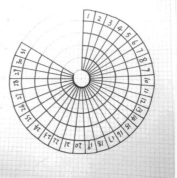

7 把圆也勾上。

8 在最外面的格子里写上数字，代表日期。

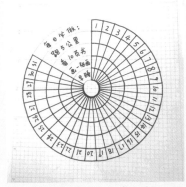

9 在圆的空缺处写上你每日要做的事情。

10 加上怪物装饰画和月份标题。

每天做过哪些事，就打一次卡，没有做的，就空出来，一个月后，你能看见自己完成了多少。

135

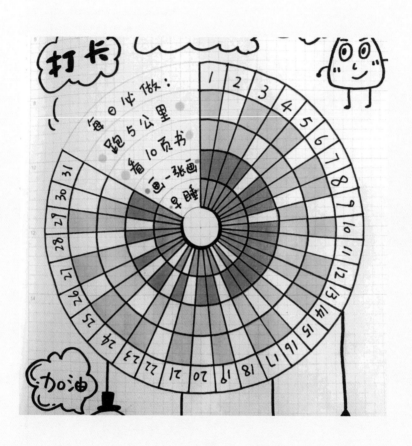

制作一个怪物月份封面

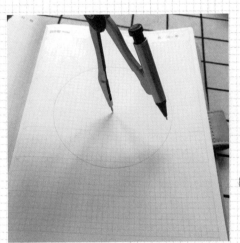

① 用圆规画一个圆。

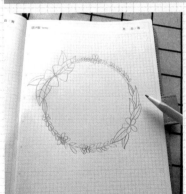

② 用铅笔轻轻勾线。

③ 用黑色勾线笔定线稿。

④ 上色，一个怪物月份封面完成啦!

一句话手账

如果每天工作或学习太忙，没时间做太多手账，我们可以做一句话手账。

什么是一句话手账，一句感悟加一个小插画就够了。

KM 康朵朵

愿你，笑得没心没肺
活得自由自在。

我会成为更好的人，
因为你，而不是为了你。

KM 康米姑娘

143

第八章

神奇的治愈画风
——挤娃娃

超治愈的挤娃娃手账

　　练习了足够多的小怪物后，我要给大家推广一个神奇而治愈的画风——挤娃娃。

　　这种画风都是由很多个可爱的怪物小娃娃挤在一起完成的，同时我还养了一只吉娃娃，"挤娃娃"也是"吉娃娃"的谐音。所以取名叫"挤娃娃"，容易让大家记住。

　　画挤娃娃，线条的流畅性和前后遮挡关系很重要，多练多看，才能熟能生巧。

　　只需要一支黑笔和一个涂鸦本，足以完成挤娃娃了。

　　这些挤娃娃可以画在手账内页里，作为每个月的分割页，让你的手账本更加与众不同。

这辈子要走很远很远的路，所以，我们得有双温暖、有趣的鞋子。

花朵是生活给我们最好的礼物，只是很多人没有意识到。

学会把"杯具"的日子过成喜剧。

家再小，都能容纳所有的爱。

每一个流浪者的行囊上，都镌刻着星星和月亮。

跟着小溪的方向，就不会迷路，终能抵达大海。

难过的时候试着仰起头，
那样眼泪不会掉下来。

我想住在月亮上，这样每天晚上
就能看见你了。

你是不是有过这样的时刻？
拿起手机，看着满满的通讯
录，却不知道该打给谁。

童年的衣橱，至今藏着
无邪的欢笑。

151

紧紧拥抱在一起，就是甜蜜。

从前，有一个冰淇淋，喜欢上了一个女孩，心里有好多话想对她说，可等他来到女孩面前时，想说的话竟然全忘记了。你能说融化的冰淇淋未曾来过吗？

我想开车带你环游世界，在每一个地方都
留下我们的足迹。

别怕，我们永远在你身后。

这个世界很复杂，也很简单。

总会梦见自己穿越到了古代，也许那里有爱的人。

我理想中的世界，是人与动物能和平相处，兔子会到
人的家中做客，而人也会为鸟建造房子。

我的头发里藏着很多有趣的东西，
一般人都看不见。

学习画挤娃娃

准备好纸和笔，和我一起画挤娃娃吧！

从本子最下端开始画娃娃。

像叠罗汉一样慢慢往上叠，注意前后遮挡关系，每个娃娃的表情都不一样。除了画娃娃，还可以点缀一些装饰物，比如叶子、花朵、帽子、音符。有些地方直接涂黑，能让整体变得更加黑白分明。

画完扫描出来就完成啦!

再画一个加强版的挤娃娃。

先用铅笔打草稿，画出大致轮廓。

用黑色勾线笔定稿，注意线条要果断、顺滑。

画完后扫描，用电脑上色，完成啦！我用的上色软件是
PS 里面的油漆桶。

有趣的挤娃娃字体

挤娃娃还可以画成有趣的字体，要不要尝试一下？
我们试着画一个福字。

首先，写上一个空心字"福"。

在字里面画各种娃娃。

一个全球独一无二，超级有个性的手账字体完成啦！

写我自己的名字康米：

英文字母：

用挤娃娃装饰生活：

第九章

开始原创怪物
手账之旅

手绘脑洞从何而来

脑洞是个奇妙的东西，它能让你产生各种有趣的灵感，可是这些取之不尽用之不竭的脑洞到底从何而来呢？怎样才能碰撞出优质的灵感呢？

答案很简单：多看、多画、多思考。

在空闲时间，我喜欢搜集大量国外大师作品细细观摩，认真思考他们的构图、配色以及图案的想法与内容，必要时还会做笔记，俗话说得好，好记性不如烂笔头，上课听讲需要做笔记，学习手绘更要学会做笔记。

买一个小巧易携带的涂鸦笔记本，放进包包里，无论你在逛街、旅行还是看画展时，都能随时记录当下的灵感。

比如，我看到这个相框，脑海里浮现出两只兔子的模样，便立刻拿出本子和笔，快速画出脑海里的灵感。这样便于以后翻阅，还能创造出更详细、更有趣的兔子。

在涂鸦笔记本上画画时，一定要是最轻松的状态，不要给自己施加压力，想怎么画就怎么画。

我的涂鸦笔记本：

康米姑娘

有哪些适合分享手账的网络平台

如果你想让自己在圈内曝光度得到提高，首先要做的是：多多展示自己。

展示自己的渠道有很多，微博、微信、微信公众号等等，所以你需要囤积大量优质的手账，这个只能靠自己勤奋了。

下面给大家推荐几个适合分享手账的平台：

新浪微博：新浪微博上有好多本土手账达人定期更新自己的作品，你也可以开通一个微博号，在上面可以认识不少手账圈的朋友。

小窍门：发微博时记得多加手账类的话题标签，同时 @ 一些手账分享大号，慢慢积累自己的粉丝（我的微博号是 @ 康米姑娘）。

LOFTER：LOFTER 上的文艺青年特别多，页面清新舒适，兴趣分类细致，很适合上传自己的作品（我的 LOFTER 号是"康米姑娘"）。

Instagram：Instagram 汇聚了全球各大厉害的手账达人，这也是我最喜欢的一个社交平台，能学到不少东西，上面的用户都很热情，点赞率比较高（我的 Instagram 号是"kangmi1120"）。

加入自己喜欢的手账群体

加入一个喜欢的手账群体，平时大家互相监督打卡，一起提高，周末聚会吃喝玩乐，是件非常有趣的事情。

线上：通常的方式是找到一些手账 QQ 群或微信群，最好是同城的，这样参加线下活动会更方便。

微博上偶尔有博主举办手账本漂流的活动，就是参与者每人画一页手账，然后寄给下一位参与者，可以试着报名参加，非常有意义。

线下：经常有专门的机构在城市里开手账集市，汇聚一群手账爱好者，有卖胶带的、卖书的、卖文具的，能逛花眼。

如何把手账本拍得更漂亮

好不容易做出一个漂亮的手账，不拍漂亮都对不起它，这一小节，我们来学习如何把你的手账拍得更漂亮。

首先，你需要这些东西：一部手机、一个漂亮的背景、你的手账。

手机每个人都有，这个就不细说了。

一个漂亮的背景该如何实现呢？

在网上买漂亮的桌布或者背景卡纸就行了，如果你喜欢复古风格的，可以买牛皮纸或者英文报纸。

准备好了背景，开始拍啦！

首先，把你的手账本放在背景上。如果觉得只有一个手账本比较单调，可以在旁边摆上笔或者别的装饰品（注意，旁边的东西不要摆太多，否则会抢了手账本的风头）。

摆好后，手机对准手账本，可以角度稍微倾斜一点，拍照（一定要在明亮的地方拍照）。

拍完后，可以用修图 APP 稍微修一修，一张照片就完成啦。

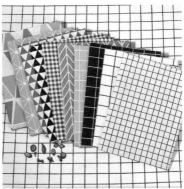

修图前：

修图后：

互动：把你的怪物手账分享给 @康米姑娘吧

　　如果你有微博，同时正巧买了这本书，可以把自己做好的怪物手账发出来，并 @康米姑娘，我会给你点赞哦。